BEI GRIN MACHT SICH IHR WISSEN BEZAHLT

- Wir veröffentlichen Ihre Hausarbeit,
  Bachelor- und Masterarbeit

- Ihr eigenes eBook und Buch -
  weltweit in allen wichtigen Shops

- Verdienen Sie an jedem Verkauf

Jetzt bei www.GRIN.com hochladen
und kostenlos publizieren

Impressum:

Copyright © 2019 GRIN Verlag
Druck und Bindung: Books on Demand GmbH, Norderstedt Germany
ISBN: 9783668908031

Michel Felgenhauer

Anmerkungen zur Potentialtheorie und zur Fluidmechanik. Spezielle Auslegung eines universellen Verfahrens

GRIN Verlag

GRIN - Your knowledge has value

Der GRIN Verlag publiziert seit 1998 wissenschaftliche Arbeiten von Studenten, Hochschullehrern und anderen Akademikern als eBook und gedrucktes Buch. Die Verlagswebsite www.grin.com ist die ideale Plattform zur Veröffentlichung von Hausarbeiten, Abschlussarbeiten, wissenschaftlichen Aufsätzen, Dissertationen und Fachbüchern.

Besuchen Sie uns im Internet:

http://www.grin.com/

http://www.facebook.com/grincom

http://www.twitter.com/grin_com

Anmerkungen zur Potentialtheorie und zur Fluidmechanik
Spezielle Auslegung eines universellen Verfahrens

In der Laborpraxis und insbesondere in der Forschungsvorbereitung sind gelegentlich rasche Aussagen über zu erwartende physikalische Wechselwirklichkeiten erforderlich. In den Naturwissenschaften und in der Technik sind es oftmals fluidmechanische Fragestellungen, die sowohl einen hohen strukturellen Aufwand (Windkanäle, Strömungsmessstrecken), ausgefeilte numerische Methoden (Strömungssimulation, Computational Fluid Dynamics, CFD) als auch eine sehr hohe theoretische Sachverständigkeit aller Beteiligten fordern. Die numerische Strömungsmechanik ist eine Schlüsselkompetenz in der Ingenieurausbildung. Rechnerverfügbarkeit und hoch performante CFD-Solver verdrängen klassische Simulationsmethoden wie beispielsweise die potentialtheoretischen Verfahren der Strömungsmechanik. Natürlich aus gutem Grund, jedoch: mit der Potentialtheorie stirbt gleichzeitig die Idee sowohl allgemeingültiger wie auch praxisorientierter Feldverfahren der Elektrodynamik einerseits und der Fluidmechanik andererseits. Besonders schmerzt der Verlust eines Verweises auf einen universalen gemeinsamen theoretischen Kern. Außerdem ist der Potential-Code schnell. Strömungsphänomene und deren computergestützte Simulation könnten mit der Potentialtheorie in der Nähe der Echtzeit berechnet und dargestellt werden. Aber das wissen heute nur noch Freaks und alte Männer. Diesen kurzen Aufsatz sehe ich durchaus als einen Nachruf aus strömungsmechanischer Sicht.

Michel Felgenhauer, Berlin im Februar 2019

Intro: Simulationssoftware nimmt in den naturwissenschaftlichen und ingenieur-wissenschaftlichen Berufsfeldern einen zunehmend größeren Anteil ein. Die meisten kommerziellen Computerprogramme zur Strömungssimulation verwenden so genannte Reynolds-gemittelte Navier-Stokes-Gleichungen. Derartige CFD-Solver benötigen längere Rechenzeiten zur Simulation und Berechnung von Strömungswirklichkeiten. Wir sprechen von Stunden und Tagen. Auf der anderen Seite der Skala stehen Potentialtheoretische Verfahren. Hier verkürzen sich die Berechnungszeiten um den Faktor 1000.

POTENTIALLÖSER[1]

Die durch einen Potentiallöser erstellte Strömungswirklichkeit kann in ausgesuchten Fällen mit hoher Wahrscheinlichkeit an das reale Strömungs-phänomen hinreichen. In der Potentialtheorie werden, unter Berücksichtigung spezieller Randbedingungen, geschlossene (Potential-) Gleichungen aufgestellt und gelöst. Eingebettet in moderne Programmumgebungen können potential-theoretische Berechnungen sehr schnell sein. Aus der marinen Technik sind dreidimensionale Codes bekannt[2], wir betrachten in diesem Aufsatz aber nur ebene Strömungsfelder. Wegen der Linearität der Gleichungen gilt für Potentialströmungen das Superpositionsprinzip, das die Darstellung und Berechnung komplexer Lösungen aus der Überlagerung von einfachen Strömungen für die Elementarlösungen erlaubt. Für Potentialströmungen ist die Zirkulation Null immer dann, wenn keine Festkörper oder Singularitäten eingeschlossen werden. Mit der Zirkulation lassen sich Wirbelstärke und Auftriebskräfte berechnen. Als Potential werden hierbei Skalarfunktionen verstanden, deren partielle Ableitung eine Größe mit physikalischer Bedeutung angibt. Potentiallinien kennen wir als Höhenlinien in einer Landkarte oder als Isobaren auf einer Wetterkarte. Ist eine Strömung wirbelfrei, so folgen aus dem Gradienten der Feldfunktion die Geschwindigkeits-komponenten der Strömung. Bei wirbelfreien Strömungen sind die Vektorkomponenten nicht mehr unabhängig voneinander sondern über das Potential verbunden. Nach dem Satz von Kutta-Joukowsky kann die auftriebsbehaftete Umströmung eines Profils als Kombination aus Parallel- und Zirkulationsströmung betrachtet werden, wenn die (Kutta'sche) Abfluss-bedingung erfüllt ist. Diese fordert ein glattes Abströmen des Fluids an der Hinterkante.

Die Programmsysteme JAVAFOIL, EPPLER und XFOIL[3] sind robuste, einfache Codes zur zwei-dimensionalen Strömungsberechnung nach der Potential-

---

[1] Textteile sind entnommen der Publikation: Dienst, Mi. (2017) Validierung einer potentialtheoretischen Berechnung mit einem 2D-CFD-Verfahren. GRIN-Verlag GmbH München.

[2] Siehe z.B.: Perry van Oossanen, Justus Heimann, Juryk Henrichs, Karsten Hochkirch (2009) MOTOR YACHT HULL FORM DESIGN FOR THE DISPLACEMENT TO SEMI-DISPLACEMENT SPEED RANGE 10 th International Conference on Fast Sea Transportation FAST 2009, Athens, Greece, October 2009

[3] Das frei verfügbare Programm *JavaFoil* ist in der Programmiersprache Java geschrieben. The potential flow analysis is done with a higher order *panel method* (linear varying vorticity distribution). Taking a set of airfoil coordinates, it calculates the local, inviscid flow velocity along the surface of the airfoil for any desired angle of attack. http://www.mh-aerotools.de/airfoils/javafoil.htm

The Eppler program PROFIL from *Public Domain Computer Programs for the Aeronautical Engineer* containing the original source code, the source code converted to modern Fortran, and several test cases, references for the Eppler program and a revision of Eppler models that includes a correction for compressibility in: http://www.pdas.com/epplerdownload.html

XFOIL wurde in den 1980er Jahren von Mark Drela als Entwicklungstool im Daedalus-Projekt beim Massachusetts Institute of Technology programmiert.

XFOIL ist ein interaktives Programm zum Entwurf und zur Berechnung von Tragflächenprofilen im Unterschallbereich.

theorie und arbeiten mit einigen Einschränkungen. In dieser Untersuchung arbeite ich mit dem System JAVAFOIL. Die Betrachtung des Strömungsgeschehens in der Grenzschicht ist bei einem Potentiallöser in aller Regel direktional; das bedeutet, dass die Grenzschichtanalyse keine Rückmeldung an die potentialtheoretische Strömungslösung enthält und keine (zur Konvergenz führenden) Iterationsschleifen durchlaufen werden. Die Direktionalität schränkt natürlich die Aussagekraft der berechneten Strömungswirklichkeit des Potentiallösers über die reale Strömung ein. Für das wandnahe Strömungsgeschehen berechnet JAVAFOIL keine laminaren Trennblasen und modelliert keine Strömungstrennung in derartigen Strömungsgebieten. Immer dann, wenn solche Effekte auftreten, werden die Berechnungsergebnisse ungenau.

Eine Auftrennung der Strömung, wie sie bei Stall auftritt, wird nur bis zu einem gewissen Grad durch empirische modellierte Korrekturen beschrieben. Strömungstrennung und Stall speziell sind dreidimensionale Strömungsgeschehen und auch schnittweise durch einen zweidimensionalen Strömungslöser nicht darstellbar. Für Strömungszustände, die jenseits des Stallpunktes liegen, liefert der (zweidimensionale) Potentiallöser ungenaue Ergebnisse. Eine genauere Analyse der Grenzschichtströmung würde ein anspruchsvolleres Verfahren zur Lösung der Navier-Stokes-Gleichungen erfordern; dies ist (im Falle einer CFD-Rechnung) mit einer Steigerung der CPU-Zeit um den Faktor 1000 verbunden.

Im Potentiallöser JAVAFOIL ist eine klassische Panel-Methode implementiert, um das lineare Potential-Flow-Feld zu bestimmen. Wie bei den meisten Panel-Methoden erhöht sich die Lösungszeit für das lineare Gleichungssystem mit dem Quadrat der Anzahl der Unbekannten. Daher ist es ratsam, die Anzahl der Punkte auf Werte zwischen 50 und 150 zu begrenzen. Diese relativ kleine Zahl liefert bereits ausreichend Genauigkeit der Ergebnisse. Für die Simulation der wandnahen (Grenz-schicht-) Strömung wird eine Grenzschichtintegration nach Eppler durchgeführt. Solche ganzheitlichen Methoden basieren auf Differentialgleichungen, die das Wachstum der Grenzschichtparameter in Abhängigkeit von der lokalen Strömungsgeschwindigkeit ermitteln. Während genaue analytische Formulierungen für laminare Grenzschichten vorhanden sind, ist für den turbulenten Teil eine empirische Korrelationen erforderlich. Methoden zur Vorhersage des Übergangs von laminar zu turbulenter Strömung wurden seit den frühen Tagen der Prandtl'schen Grenzschichttheorie von vielen Autoren entwickelt. Grundsätzlich ist es möglich, die Stabilität einer Grenzschicht numerisch zu analysieren. Dennoch sind alle praktischen und schnellen Methoden mehr oder weniger auf empirische Beziehungen angewiesen, die meist aus Experimenten abgeleitet sind. Die lokalen Parameter an einem Punkt P auf der Kontur des Profils sind das Ergebnis einer Integration (der Strömungsgrößen um P) und enthalten und verarbeiten damit Informationen über die Geschichte der Strömung. Die Wirkung der Rauigkeit auf den Übergang von der laminaren in die tubulente Strömung ist komplex und kann mit einem Potentiallöser nicht genau simuliert werden. Auch moderne direkte numerische Simulationsmethoden haben Schwierigkeiten den Effekt zu simulieren. JAVAFOIL besitzt einen Friktionsansatz mit dem zwei Effekte der Oberflächenrauigkeit modelliert werden: (1) Die laminare Strömung wird auf einer rauen Oberfläche destabilisiert, was zu einem vorzeitigen Übergang führt und (2) laminare als auch turbulente Strömung erzeugen auf rauen Oberflächen einen höheren Reibungswiderstand. Aus dem Vergleich mit Lösungen aus Experimenten am Strömungskanal kann dem Potentiallöser mit dem Ansatz reibungsfreier Strömung und dem Kriterium der Rotationsfreiheit in ausgesuchten Fällen eine zufriedenstellende Voraussage-wahrscheinlichkeit attestiert werden. Rotorfreie Potentialströmungen sind Wirbelströmungen. Unter der Drehung einer Strömung kann man sich die Rotation der einzelnen Fluidteilchen um die eigene Achse vorstellen.

Die Wirbelstärke $\underline{\omega}$ ist definiert als:

$$\underline{\omega} = \tfrac{1}{2}\, \mathrm{rot}\, v\,.$$

Die Komponenten der vekt. Wirbelstärke $\underline{\omega}$:

$$\underline{\omega}_x = \tfrac{1}{2}\left(\,(\delta v/\delta y) - (\delta v/\delta z)\,\right) \quad \text{und}$$
$$\underline{\omega}_y = \tfrac{1}{2}\left(\,(\delta v/\delta z) - (\delta v/\delta x)\,\right) \quad \text{und}$$
$$\underline{\omega}_z = \tfrac{1}{2}\left(\,(\delta v/\delta x) - (\delta v/\delta y)\,\right)$$

Bei Potentialströmungen Ist die Strömung rotorfrei; es gilt also:

$$\underline{\omega} = \tfrac{1}{2}\, \mathrm{rot}\, v = 0\,.$$

$$0 = \left(\,(\delta v/\delta y) - (\delta v/\delta z)\,\right) \quad \text{und} \quad 0 = \left(\,(\delta v/\delta z) - (\delta v/\delta x)\,\right) \quad \text{und} \quad 0 = \left(\,(\delta v/\delta x) - (\delta v/\delta y)\,\right)$$

Eine weitere wichtige Größe als Maß für die Drehung der Strömung über eine Fläche A ist die Zirkulation. Definiert ist Zirkulation Γ als Linienintegral der Geschwindigkeit über eine beliebig geschlossene Kurve L im Strömungsfeld. Ob und im welchem Ausmaß sich Wirbel auf einem Gebiet A befinden, kann demnach über die Zirkulation bestimmt werden.

Mit Hilfe des Stokes'schen Integralsatzes lässt sich der Zusammenhang von Drehung und Zirkulation beschreiben. Für Potentialströmungen ist die Zirkulation immer Null, wenn keine Festkörper oder Singularitäten mit eingeschlossen wurden. Über die Zirkulation lassen sich Wirbelstärke und Auftriebskräfte berechnen. In der Potentialtheorie werden Strömungsfelder mittels Stromlinien dargestellt. Wenn Kontinuität herrscht ($0 = \delta u/\delta x + \delta v/\delta y$) und das ist natürlich hier der Fall, ist die Stromlinie eine sehr anschauliche Metapher für die Strömungswirklichkeit um einen Körper in der Art, dass sie die Tangenten der vektoriellen Hauptströmungsrichtung graphisch darstellt. In stationären Strömungen repräsentieren die Stromlinien die Teilchenbahnen. Ausgenommen an Staupunkten, an denen sich mehrere Stromlinien treffen können, schneiden sich Stromlinien nicht, da an einem Punkt nicht gleichzeitig zwei Geschwindigkeiten herrschen können. Stromlinien sind also quasi fiktive Konstrukte und dennoch kommen sie uns alltäglich vor. Wie selbstverständlich rauschen auf der abendlichen Wetterkarte Geschwindigkeits-Pfeile auf Strom-linien über Isobaren und Temperaturfelder. Das Auge hat bereits verstanden, was Strömungen und Potentiale zu bedeuten haben.

Stromlinien sollen also mit einem Pärchen aus zwei sehr nützlichen Funktionen, einerseits der Stromfunktion Ψ und einer ihr mathematisch sehr verwandten Potentialfunktion Φ beschrieben werden. Der auf den ersten Blick vielleicht umständlich erscheinende Ansatz über die Stromfunktion und eine auf dieser orthonormal abbildbaren Potentialfunktion, bringt tatsächlich Klarheit in die Argumentation.

Erinnern wir uns noch einmal an die Strömungsgrößen ρ, u, v, w so werden die Stromlinien (in der ebenen Betrachtungsweise: x,y) durch genau diese Stromfunktion Ψ = konst beschrieben. Für die Geschwindigkeitskomponenten u und v schreiben wir:

In x-Richtung: $u = \delta\Psi/\delta y$ sowie: $u\,\delta y = \delta\Psi$ und
in y-Richtung: $v = -\,\delta\Psi/\delta x$ sowie: $v\,\delta y = -\delta\Psi$

Dieser Ansatz ist sehr leistungsfähig und erfüllt die oben angeführten Erhaltungssätze. Wir setzen die Stromfunktion ($u = \delta\Psi/\delta y$)   jetzt in die Kontinuitätsgleichung $0 = \delta u/\delta x + \delta v/\delta y$ ein:

$$0 = \delta u/\delta x + \delta v/\delta y = \delta^2\Psi/\delta x\delta y - \delta^2\Psi/\delta x\delta y = 0$$

Wir hatten Rotorfreiheit gefordert, also: $0 = \delta v/\delta x - \delta u/\delta y$ und als eine Definition der Potentialströmung behandelt. Auch hier ersetzen wir die Geschwindigkeitskomponenten in der Beziehung in x-Richtung ($u = \delta\Psi/\delta y$) sowie in y-Richtung ($v = - \delta\Psi/\delta x$) und erhalten die als Laplace-Gleichung bekannte Form:

$$\delta^2\Psi/\delta x^2 - \delta^2\Psi/\delta y^2 = 0 = \Delta\Psi$$

Die Änderung der Stromfunktion ist Null, die Stromfunktion selbst ist konstant. In unserem Definitionsfall zumindest[4]. Potentiale sind Skalarfunktionen, deren Ableitung nach einer Koordinate eine physikalische Größe angibt (wir erinnern uns an die Wetterkarte oben im Text). Ist eine Strömung wirbelfrei, so ergeben sich die Geschwindigkeitskomponenten der Strömung aus dem Gradienten der Feldfunktion. Die Potentialfunktion $\Phi=\Phi(x,y)$ zeigt demnach das Geschwindigkeitspotential des Vektorfeldes an, falls für die Geschwindigkeit $\underline{v}$ gilt: $\underline{v}=\text{grad}\Phi$. Die Potentialfunktion fragt nach der Veränderlichkeit (Gradient) der Geschwindigkeit der (Strömungs-) Elemente in einem Strömungsfeld.

Für das Potential Φ gilt also: $\text{grad}\ \Phi = \{u, v\} = \{ (\delta\Phi/\delta x), (\delta\Phi/\delta y) \}$

Potentialfunktion Φ und Stromfunktion Ψ stehen senkrecht auf einander. Dieser Zusammenhang zwischen den Ableitungen der Potentialfunktion Φ und jener der Stromfunktion Ψ wird durch eine als Cauchy-Riemann-Differentialgleichung bekannte Form beschrieben.

$$\delta\Phi/\delta x = \delta\Psi/\delta y \quad \text{und} \quad \delta\Phi/\delta y = - \delta\Psi/\delta x$$

Potentialfunktion Φ und Stromfunktion Ψ bilden ein orthogonales Kurvennetz:

$$\text{grad}\ \Phi\ \text{grad}\ \Psi = 0, \qquad \text{also:}\ \delta\Phi^2/\delta x^2 + \delta\Phi^2/\delta y^2 = 0 = \Delta\Phi$$

Auch die Änderung der Potentialfunktion ist Null und die Potentialfunktion selbst ist damit konstant.

---

[4] Ist die Änderung der Stromfunktion ungleich Null, also $(\delta^2\Psi/\delta x^2 - \delta^2\Psi/\delta y^2) = D(x,y,t)$ eine orts- und zeitabhängige Funktion („Diffusionsterm D(x,yt)"), erhalten wir eine als „POISSON-Gleichung" bekannte Form.

Die Potentialtheorie ist unbequem, nicht besonders beliebt aber elementar. Die gesamte geschlossen-analytische, die klassische Strömungsmechanik, ist mit der Potentialtheorie herleitbar. Alle Wirbelmodelle, die (Wirbel-) Sätze von Thomson und Helmholtz und auch der so überaus nützliche (Wirbel-) Satz von Biot und Savart basieren auf der speziellen Anwendung (Strömungsmechanik) einer allgemeinen Feldtheorie. Angewandt auf die Elektrotechnik ist der Satz von Biot und Savart beispielsweise das elektrodynamische Prinzip! Wir sollten nicht müde werden über die Universalität einer Feldtheorie zu grübeln. Eine Herleitung elementarer Potential-Strömungen findet man in den klassischen Lehrbüchern zum Thema. Sehr anschaulich und elementar werden Potential- und Stromfunktion entwickelt in Siegloch [Siegloch] der auch auf die Superponierbarkeit der Elementarlösungen eingeht und die konforme Abbildung als Methode zur Analyse beliebiger Profilkonturen erörtert. Nützlich sind in diesem Zusammenhang die potentialtheoretischen Ursachen und Zusammenhänge mit der klassischen Wirbeltheorie in [Thamsen]. Kurz gehe ich ein auf eine äußerst elegante Schreibweise der Elementarlösungen der Potentialströmung. Zur Berechnung eines Geschwindigkeitspotentials wird die zweidimensionale Betrachtungsebene als komplexe Zahlenebene aufgefasst, in der der Wert des Potentials als Realteil einer Funktion F dargestellt wird:

$$F(z) = \Phi(x,y) + i\, \Psi(x,y) \quad \text{mit } z = x + i\, y$$

Die Funktion F ist das komplexe Geschwindigkeitspotential mit den beiden Geschwindigkeiten u und v

$$u = \delta\Phi/\delta x \quad \text{und} \quad v = \delta\Phi/\delta y\,.$$

Die komplexe Geschwindigkeit w ist dann: $\qquad w = u - i\, v = dF/dz.$
... es gilt für:

<u>Parallelströmung</u> $F(z) = w\, z$
$\qquad\qquad\qquad w = u - i\, v.\ \text{folgt}\ F(z) = z(u - i\, v)$
<u>Quellen</u> $\qquad\qquad F(z) = (Q / 2\pi)\ \ln(z)$
$\qquad\qquad\qquad u = Q\,x / (2\pi\, x^2 + y^2)\ \text{und}\ v = Q\,y / (2\pi\, x^2 + y^2)$
<u>Potentialwirbel</u> $\qquad F(z) = (\Gamma / 2\pi)\ i\, \ln(z)$
$\qquad\qquad\qquad u = \Gamma\,x / (2\pi\, x^2 + y^2)\ \text{und}\ v = \Gamma\,y / (2\pi\, x^2 + y^2)$
<u>Dipol</u> $\qquad\qquad F(z) = m/z$
$\qquad\qquad\qquad u = m\,(x^2 + y^2 /(x^2 + y^2)^2)\ \text{und}\ v = -\,m\,(2xy /(x^2 + y^2)^2)$

Für die Anwendbarkeit der Potentialtheorie auf strömungsmechanische Aufgabenstellungen wurden Verfahren entwickelt, die spezielle Fragen nach Geschwindigkeitsverteilungen, lokalen Druckgradienten nahe dem Strömungskörper und den Strömungsgrößen im näheren Umfeld der Kontur beantworten. Eine ausentwickelte Methode ist das so genannte Panelverfahren, mit dem auch der in diesem Aufsatz beschriebene Potentiallöser arbeitet. Das Panelverfahren ist eine lineare Randelementmethode für Potentialströmungen und auf reibungs- und wirbelfreie Strömungen begrenzt. Wie andere numerische Diskretisierungsverfahren dient es der Analyse und Berechnung von Anfangs- und Randwertproblemen. Anders als bei Finite Volumen Verfahren etwa, liegt bei dieser linearen Randelementmethode eine sehr hilfreiche Vereinfachung in der Beschränkung der Diskretisierung auf die betrachtete Körperoberfläche. Es ist also nicht notwendig, den gesamten Strömungsraum mit Volumenelementen beschreiben (zu diskretisieren). Ähnlich der Singularitätenmethode (siehe Elementarlösungen, oben) wird beim Panelverfahren zunächst die Körperoberfläche in Panels mit Elementarströmungen zerlegt. Nun lassen sich die Oberflächenkräfte dadurch ermitteln, dass im Flächenmittelpunkt der einzelnen Panels die Potentialgleichungen gelöst werden. Jedes Panel trägt eine Verteilung an Potentialströmungen konstanter Stärke. Zwischen den Panels allerdings variiert die Stärke der Singularitäten. In einem nächsten Schritt wird die Quellstärke Q (Dipolmoment M für Dipolströmungen) in den einzelnen Flächenelementen über die Erfüllung einer linearen Randbedingung ermittelt derart, dass die Stromlinien die Profiloberfläche ersetzt und die Normalgeschwindigkeit verschwindet. Die Kontur wird also durch eine besondere Stromlinie repräsentiert. Auf dieser existiert nun lediglich die Tangentialgeschwindigkeit. Allerdings ist wegen der Reibungs- und Drehfreiheit die Stokes'sche Haftbedingung für die Randkontur nicht erfüllt und Widerstandskräfte und Schubspannungen können nicht (unmittelbar) aus den Ergebnissen der Potentialtheorie berechnet werden. In einem Potentiallöser, der mit generalisierten Koordinaten arbeitet werden diese Geschwindigkeiten auf die Geschwindigkeit V_∞ aus der (Rand-) Anfangsbedingung bezogen so dass die dimensionslose Geschwindigkeit v/V_∞ [5] über die Konturoberfläche dargestellt werden kann. Das Verfahren liefert uns ein lineares Gleichungssystem aus dem sich die Geschwindigkeiten und auch die Druckfelder für jeden Punkt im Strömungsfeld bestimmen lassen.

---

[5] Systemgeschwindigkeit $V=v_\infty$.

Der Druckkoeffizient c_p[6] besitzt einen Gradienten über die Kontur $c_p(x)$ und wird mit der aus der klassischen Strömungsmechanik bekannten Form aus der lokalen, spezifischen Geschwindigkeit bestimmt. Hierbei wird die Bernoulli-Gleichung dazu benutzt, den Druck aus den Geschwindigkeitskomponenten zu ermitteln. Bernoulli $p_0 + \frac{1}{2}\,\rho_\infty\,V^2 = p + \frac{1}{2}\,\rho_\infty\,v(x)^2$ in [Pa]. Für inkompressible Strömungen ($\rho_=\rho_\infty$) liefert das den lokalen Druckkoeffizienten $c_p(x)=p(x)/p_0$ aus einer Beziehung über die Systemgeschwindigkeit $V=v_\infty$.

$$c_p(x) = 1- (v(x)/v_\infty)^2$$

Potentialtheoretische Verfahren zeichnen sich durch einen geringeren Rechenaufwand für die Beschreibung strömungsphysikalischer Phänomene aus. Der Panel-Code ist sehr schnell und realisiert eine Software für den Lehrbetrieb und Laborausbildung, die die Studierenden einlädt und ermutigt, das experimentell Erfahrene und das theoretisch Erarbeitete in einer Computersimulation nachzustellen, oder selbst gestellte Aufgaben eigenverantwortlich und mit einer selbst gewählten Geschwindigkeit des Voranschreitens zu lösen. Potentiallöser sind gitterlose Berechnungsverfahren. Unter der Voraussetzung reibungsfreier, inkompressibler Strömung lassen sich mit potentialtheoretischen Berechnungsverfahren unter bestimmten Voraussetzungen treffende Aussagen über Strömungsgrößen nahe der Außenkontur (ausgesuchter) Strömungskörper machen. Mit dem Ansatz reibungsfreier Strömung können wichtige Erkenntnisse im Verhalten umströmter Körper gewonnen werden. Potentialströmungen fordern als zusätzliches Kriterium Rotationsfreiheit der Strömung (Wirbel hingegen sind drehungsbehaftete Strömungen). Aufgrund der sehr kurzen Berechnungszeiten von einigen Sekunden oder Minuten (Faktor 1/1000 gegenüber rezenten CFD-Programmen) werden Potentiallöser anstelle von gemittelten Navier-Stokes Lösern (RANSE) eingesetzt. Von wissenschaftlicher Relevanz sind Berechnungsprogramme und Strömungslöser, die sich in projektspezifische Umgebungen einbetten lassen. Dazu existieren anwendungsfreundliche Schnittstellen zu Berechnungsanwendungen (Matlab, SciLab, Maple). Wirtschaftlich und technologisch relevant sind Computerprogramme, die auch kundenspezifische Aufgaben lösen. Besondere Anforderungen an Hard- und Anwendungssoftware stellt die Simulation insbesondere dann, wenn schnelle Berechnungsergebnisse und

---

[6] $c_p = 2\,(p(x) - p_0) / (\rho \cdot V^2)$ Normdruck $p_0 = 101\,325$ [Pa] $= 101{,}325$ [kPa] $= 1\,013{,}25$ [hPa] $= 1\,013{,}25$ [mbar], Normzustand bei $T= 273{,}15$ [°K] bzw. $T=0$ [°C] entsprechend DIN 1343.

Lösungen erforderlich sind. Strömungs-darstellungen in virtuellen Räumen, wie etwa einer CAVE[7] verlangen Berechnungen, die nahe an der Echtzeit rangieren. In Zukunft werden CAVE-Systeme nicht nur im Bereich der computer-unterstützten Konstruktion (CAD) eingesetzt, um Entwicklern in einem dreidimensionalen Panorama-system das spätere Aussehen von Bauteilen, Komponenten oder ganzen Maschinenanlagen zu vermitteln, sondern angestrebt werden Szenarien, in denen physikalische Wechselwirkungen, etwa simulierte Strömungen in Echtzeit manipuliert und dargestellt werden können. Rezente CFD-Pragramme lösen diese Aufgabe selbst dann nicht, wenn in einem ersten Hub auf exakte Berechnungen verzichtet werden darf.

Elektrotechnik			Strömungsmechanik		
Symbol		Einheit	Symbol		Einheit
S	Elektrostatische Kraftlinien		S	Stromlinien im Strömungsfeld	
I	**Stromstärke** des Stromleiters	A	Γ	**Zirkulation** eines Wirbelfadens	$m^2\,s^{-1}$
Q	Quelle der magnetischen Induktion		Q	Quellpunkt der Wirbelinduktion	
P	Aufpunkt der magnet. Induktion		P	Aufpunkt der Wirbelinduktion	
H	**Feldstärke**, induzierte magnetische	$A\,m^{-1}$	v	**Geschwindigkeit**, induzierte	$m\,s^{-1}$
r	Ortsvektor (Quelle-Aufpunkt)	m	r	Ortsvektor (Quelle-Aufpunkt)	m
s	Längenkoordinate (Stromleiter)	m	s	Längenkoordinate (Wirbelfaden)	m
ds	Magnetische Feldlinienelement	m	ds	Wirbelfadenelement	m
q	Elektrische Ladung			räuml. Quell- u. Senkenströmung	
dH(r)	Änderung der Feldstärke $\underline{dH}(r) = I \cdot (ds \times \underline{r}) / 4\pi r^3$	$A\,m^{-1}$	dv(r)	Geschwindigkeitsgradient $\underline{dv}(r) = \Gamma \cdot (ds \times \underline{r}) / 4\pi r^3$	$m\,s^{-1}$
H(r)	Induziertes magnetisches Feld $\underline{H}$ um einen geraden, stromdurch-flossenen Leiter: $\underline{H}(r) = I / (2\pi r)$	$A\,m^{-1}$	v(r)	Induziertes Geschwindigkeitsfeld $\underline{v}$ eines (ebenen) Potentialwirbels : $\underline{v}(r) = \Gamma / (2\pi r)$	$m\,s^{-1}$

Statt eines Schlusswortes möchte ich die Aufmerksamkeit des geneigten Lesers auf obige Tabelle lenken. Es wurden einige physikalische Größen aus Elektro-technik und Strömungsmechanik zusammengestellt, die unter dem gemein-samen Dach der Potentialtheorie ein Analogon bilden. Sicherlich ist die Schnittmenge aus der Sicht eines Physikers und gerichtet auf eine allgemeinen Feldtheorie erheblich größer. Beschränkt und begrenzt zielt die Empfehlung, sich mit diesem wunderbaren Teil der physikalischen Welt zukünftig aus-giebiger auseinanderzusetzen an erster Stelle auf mich selbst.

Michel Felgenhauer, Berlin 2019

---

[7] Cave Automatic Virtual Environment, abgekürzt: CAVE;

Bibliographie, Quellen und weiterführende Literatur

[Abbo-59]   Ira H. Abbott, Albert E. von Doenhoff: Theory of Wing Sections: Including a Summary of Airfoil Data. Dover Publications, New York 1959.

[BaNe-98]   Barthlott, W.; Neinhuis, C.: Lotusblumen und Autolacke – Ultrastruktur pflanzlicher Grenzflächen und biomimetische unverschmutzbare Werkstoffe. Biona Report 12, Schriftenreihe der Wissenschaften und der Literatur, Mainz. Gustav Fischer-Verlag, Stuttgart 1998.

[Bann-02]   Bannasch, Rudolph. Vorbild Natur. In: design report 9/02, S.20ff. Blue. C Verlag Stuttgart: 2002.

[Bapp-99]   Bappert, R. Bionik, Zukunftstechnik lernt von der Natur. SiemensForum München/Berlin und Landesmuseum für Technik und Arbeit in Mannheim (Herausgeber): 1999

[Bech-93]   Bechert, D.W.: Verminderung des Strömungswiderstandes durch bionische Oberflächen. In: VDI-Technologieanalyse Bionik, S. 74 – 77. VDI-Technologiezentrum Düsseldorf 1993.

[Bech-97]   Bechert, D.W., Biological Surfaces and their Technological Application. 28th AIAA Fluid Dynamics Conference: 1997

[Cal-84]   Calder, W.A. (1984) Size, Function and Life History. Harvard University Press. Cambridge 431pp.

[Die 17-6]   Dienst, Mi. (2017) Reihenuntersuchung zu elliptischen Profilkonturen für Leit- und Steuertragflächen. Zur Analyse der Strömungswirklichkeit von Surfboard-Finnen. GRIN-Verlag GmbH München, ISBN(e-Book): 9783668390744, ISBN(Buch): 9783668390751.

[Die 17-4]   Dienst, Mi. (2017) Superformance of Surfboard Fins. Bionik, Leistungsähnlichkeit und affine Skalierung. GRIN-Verlag GmbH München, ISBN(e-Book): 9783668377141, ISBN(Buch): 9783668377158

[Die 17-3]   Dienst, Mi. (2017) Performance und Downsizing von Surfboardfinnen. Beitrag zur Phänomenologie und Strömungswirklichkeit. GRIN-Verlag GmbH München, ISBN(e-Book): 9783668374881, ISBN(Buch): 9783668374898

[Die 17-1]   Dienst, Mi. (2017) Zur numerischen Analyse einer Laborfinne. Mittelschnittverfahren und Manövrierleistung. GRIN-Verlag GmbH

München, ISBN(e-Book): 9783668374188, ISBN(Buch): 9783668374195.

[Die15-7]   Dienst, Mi. (2015) <u>Dossier über die Forschung der BIONIC RESEARCH UNIT</u> der Beuth Hochschule für Technik Berlin, GRIN-Verlag GmbH München,
ISBN (e-Book): 978-3-668-02183-9, ISBN (Buch) 978-3-668-02184-6.

[Die13-3]   Dienst, Mi.(2013) Reihenuntersuchung zu Profilkonturen für Leit- und Steuerflächen von Seefahrzeugen. Datenreihe ERpL2050. GRIN-Verlag GmbH München, ISBN 978-3-656-47215-5

[Die11-4]   Dienst, Mi.(2011) Methoden in der Bionik. Die Reynoldsbasierte Fluidische Fitness. GRIN-Verlag GmbH München.

[Die09-4]   Dienst, Mi.(2009) Physical Modelling driven Bionics. GRIN-Verlag München.

[DUB-95]   Dubbel, Handbuch des Maschinenbaus, Springer Verlag Berlin, 15.Auflage 1995.

[Eppl-90]   Richard Eppler: Airfoil Design and Data. Springer, Berlin, New York 1990.

[Fli-02]   Flindt, R. (2002) Biologie in Zahlen Berlin: Spektrum Akademischer Verl.

[Fren-94]   French, M.: Invention and Evolution: design in nature and engineering. Cambridge University Press. Cambridge 1994.

[Fren-99]   French, M.: Conceptual Design for Engineers. Berlin, Heidelberg, New York, London, Paris, Tokio: Springer: 1999

[Gel-10]   Produktinformation, 05 2010, GELITA 69412 Eberbach. www.gelita.com

[Guen-98]   Günther, B., Morgado, E. (1998) Dimensional analysis and allometric equations concerning Cope's rule. Revista Chilena de Historia Natural 71: 331-335, 1989

[Gör-75]   Görtler, H. Diemensionsanalyse. Berlin Springer 1975

[Gorr-17]   Edgar Gorrell, S. Martin: Aerofoils and Aerofoil Structural Combinations. In: NACA Technical Report. Nr. 18, 1917.

[Guen-66]   Günther, B., Leon, B. (1966) Theorie of biological Similarities, nondimensional Parameters and invariant Numbers. Bulletin of Mathematical Biophysics Volume 28, 1966.

[Gutm-89]   Gutmann, W.: Die Evolution hydraulischer Konstruktionen. Verlag W. Kramer: Frankfurt am Main, 1989.

[Hüt-07]   Hütte, 2007, 33. Auflage, Springer Verlag. S.E147

[Hux-32]   Huxley, J.S. (1932) Problems of relative Growth. London: Methuen.

[Katz-01]   Joseph Katz, Allen Plotkin (2001) Low-Speed Aerodynamics (Cambridge Aerospace Series) Cambridge University Press; 2 edition (February 5, 2001)

[Liao-03]   Liao, J.C.; Beal, D.; Lauder, G.; Triantayllou, M. Fish Exploting Vortices Decrease Muscle Activty. In: Science 2003, S. 1566-1569. AAAS. 2003.

[Lech-14]   **Lecheler,** S. (2014) Numerische Strömungsberechnung Springer Verlag Berlin Heidelberg. ISBN 978-3-658-05201-0

[Matt-97]   Mattheck, C.: Design in der Natur. Rombach Verlag. Freiburg 1997.

[Mial-05]   B. Mialon, M. Hepperle: "Flying Wing Aerodynamics Studies at ONERA and DLR", CEAS/KATnet Conference on Key Aerodynamic Technologies, 20.-22. Juni 2005, Bremen.

[Nac-01]   Nachtigall, W. (2001) Biomechanik. Braunschweig: Vieweg Verlag.

[Nach-98]   Nachtigall, W. : Bionik – Grundlagen und Beispiele für Ingenieure und Naturwissenschaftler. Springer-Verlag, Berlin-Heidelberg-New York 1998.

[Nach-00]   Nachtigall, Werner; Blüchel, Kurt. Das große Buch der Bionik. Stuttgart: Deutsche Verlags Anstalt: 2000.

[Oert-11]   Oertel jr., H., Böhle, M., Reviol, Th. (2011) Strömungsmechanik, Grundlagen. Springer Verlag Berlin Heidelberg. ISBN 978-3-8348-8110-6

[PaBe-93]   Pahl. G.; Beitz, W.: Konstruktionslehre, 3.Auflage. Berlin-Heidelberg-New York-London-Paris-Tokio: Springer 1993

[Pflu-96]   Pflumm, W. (1996) Biologie der Säugetiere. Berlin: Blackwell Wissenschaftsverlag.

[Rech-94]   Rechenberg, Ingo. Evolutionsstrategie'94. Frommann-Holzoog Verlag. Stuttgart: 1994.

[Scha 13]   Schade, H. (2013) Stromungslehre. De Gruyter Verlag. ISBN-13: 978-3110292213

[Schü-02]   Schütt, P., Schuck, H-J., Stimm, B. (2002) Lexikon der Baum- und Straucharten. Nikol, Hamburg, ISBN 3-933203-53-8

[Tham-08]   Siekmann, H.E., Thamsen, P. U. (2008) Strömungslehre Grundlagen, Springer Verlag Berlin Heidelberg. ISBN 978-3-540-73727-8

[Tho-59]   Thompson, D'Arcy, W. (1959) On Growth and Form. London: Cambridge University Press. (Neuauflage der Originalschrift 1907)

[Tho-92]   Thompson, D W., (1992). *On Growth and Form*. Dover reprint of 1942 2nd ed. (1st ed., 1917). ISBN 0-486-67135-6

[Tria-95]   Triantafyllou, M.: Effizienter Flossenantrieb für Schwimmroboter. In: Spektrum der Wissenschaft 08-1995, S. 66–73. Spektrum der Wissenschaft- Verlagsgesellschaft mbH, Heidelberg 1995.

[Zie - 72] Zierep, J. (1972) Ähnlichkeitsgesetze und Modellregeln der Strömungslehre.

[Vos-15-2] M. Voß, H.-D. Kleinschrodt, M. Dienst: "Experimentelle und numerische Untersuchung der Fluid-Struktur-Interaktion flexibler Tragflügelprofile", Resarch Day 2015 - Stadt der Zukunft Tagungsband - 21.04.2015, Mensch und Buch Verlag Berlin, S. 180-184, Hrsg.: M. Gross, S. von Klinski, Beuth Hochschule für Technik Berlin, September 2015, ISBN:978-3-86387-595-4.

[Vos-15-1] M. Voss, P.U. Thamsen, H.-D. Kleinschrodt, M. Dienst (2015): "Experimeltal and numerical investigation on fluid-structure-interaction of auto-adaptive flexible foils", Conference on Modelling Fluid Flow (CMFF'15), Budapest, Ungarn, 1.-4. September 2015, ISBN (Buch): 978-963-313-190-9.

[Vos-15-2] M. Voss, (2015) Experimentelle und numerische Untersuchung flexibler Tragflügelprofile. Dissertation, Technische Universität Berlin 2015.

[W-1]   http://de.wikipedia.org/wiki/Profil (abgerufen 04042016)

[W-2]   The Airfoil Investigation Database, http://www.worldofkrauss.com/foils/578 (abgerufen 04042016)

[W-3]   UIUC Airfoil Coordinates Database, (abgerufen 04042016) http://www.ae.illinois.edu/m-selig/ads/coord_database.html

BEI GRIN MACHT SICH IHR WISSEN BEZAHLT

- Wir veröffentlichen Ihre Hausarbeit,
  Bachelor- und Masterarbeit

- Ihr eigenes eBook und Buch -
  weltweit in allen wichtigen Shops

- Verdienen Sie an jedem Verkauf

Jetzt bei www.GRIN.com hochladen
und kostenlos publizieren